U0479069

印机宝藏

中国印刷博物馆馆藏印刷机械设备AR互动图录

中国印刷博物馆 组织编写
罗林奎 赵莹 主编

文化发展出版社
Cultural Development Press
·北京·

图书在版编目（CIP）数据

印机宝藏：中国印刷博物馆馆藏印刷机械设备AR互动图录 / 中国印刷博物馆组织编写；罗林奎，赵莹主编. —北京：文化发展出版社，2023.4
ISBN 978-7-5142-3954-6

Ⅰ.①印… Ⅱ.①中… ②罗… ③赵… Ⅲ.①印刷–设备–中国–图录 Ⅳ.①TS803.6-64

中国版本图书馆CIP数据核字(2022)第236884号

印机宝藏：中国印刷博物馆馆藏印刷机械设备 AR 互动图录

组织编写：中国印刷博物馆
主　　编：罗林奎　赵　莹

出 版 人：宋　娜	
责任编辑：李　毅　管思颖	责任校对：岳智勇　马　瑶
责任印制：杨　骏	封面设计：韦思卓

出版发行：文化发展出版社（北京市翠微路2号 邮编：100036）
发行电话：010-88275993　　010-88275710
网　　址：www.wenhuafazhan.com
经　　销：全国新华书店
印　　刷：北京天工印刷有限公司
开　　本：787mm×1092mm　1/12
字　　数：20千字
印　　张：6.75
版　　次：2023年5月第1版
印　　次：2023年5月第1次印刷
定　　价：98.00元
Ｉ Ｓ Ｂ Ｎ：978-7-5142-3954-6

◆ 如有印装质量问题，请与我社印制部联系　电话：010-88275720

前言

自隋末唐初，充满智慧的中国劳动人民发明了雕版印刷，印刷术发展至今已有1400多年的历史。传统的雕版印刷术和活字印刷术，一直采用手工刷印方式。15世纪中叶，谷登堡研制木质印刷压架用于手扳作业，印刷业步入了机械发展时期。500多年来，在世界范围内，机械印刷发展大致经历了三个阶段：一是从15世纪中叶谷登堡铅活字印刷机的出现到19世纪初的手工印刷机械发展阶段；二是从19世纪初蒸汽印刷机的出现实现了印刷机的机械动力化，到凸、凹、平、孔四种印刷方式的完善的机器印刷发展阶段；三是从20世纪中叶计算机的运用逐步实现了电脑排版至今的数字印刷阶段。

19世纪初，近代机械印刷的陆续传入，推动了中国近代印刷技术及印刷业的发展和变革。中华人民共和国成立后，经过各个时期的发展，印刷机械设备的产量和品质有了较大提高。尤其改革开放后，在新技术浪潮的带动下，数字技术在印刷领域的应用使印刷技术获得了质的飞跃，我国印刷业走上迅速发展的道路，告别了"铅与火"，走过了"光与电"，进入"数与网"的时代。

印刷业是一个具有深厚文化属性的行业，印刷机械设备的发展史是人类文明史的一部分。从雕版到活字，从泥活字到铅活字，从激光照排到数字印刷，印刷技术和印刷机械设备的发明、发展及应用，持续为人类文明的传承传播注入新的生机与活力。

中国印刷博物馆是世界上最大的印刷专业博物馆，藏有多种类型的印前、印中和印后加工机械设备。作为传承传播印刷文化、普及我国古代"四大发明"之一——印刷术的公共文化服务机构，通过对馆藏印刷机械设备进行拓展性、创造性的整理、开发和整合，中国印刷博物馆构筑起一个集文字、图片、现代多媒体技术"三位一体"的印刷机械设备档案资料库。

本书以此为基础，对印刷博物馆藏印刷机械设备加以选取开发，结集出版。期待通过藏品的数字化展示和传播，为广大读者呈现印刷文化与大众文化、传统文化与现代文化、中华文化与世界文化的魅力和风采，共同品鉴印刷机械之美，共同畅想印刷的未来。

本书编写组

目录 Contents

第一章 印前设备

1.1 转轮排字盘 ... 2

1.2 武英殿字柜 ... 4

1.3 字模雕刻机 ... 6

1.4 铸字机 ... 8

1.5 铸排机 ... 12

1.6 打纸型机 ... 14

1.7 木结构制版照相机 ... 16

1.8 照相排字机 ... 18

1.9 计算机激光汉字编辑排版系统 ... 22

1.10 中文打字机 ... 24

1.11 滚筒打样机 ... 26

1.12 盲文制版机 ... 28

第二章 印刷机械

凸版印刷机 ... 32

2.1 手扳式印刷机 ... 33

2.2 马背上的印刷机 ... 34

2.3 圆盘印刷机 ... 36

2.4 海德堡平压平印刷机 ... 38

2.5 停回转平台印刷机 40

2.6 四开凸版平台印刷机 42

2.7 轮转印刷机 44

2.8 火车票印刷机 46

平版印刷机 48

2.9 石版印刷机 49

2.10 珂罗版印刷机 50

2.11 胶印机 52

凹版印刷机 56

2.12 凹版印刷机 57

孔版印刷机 58

2.13 油印机 59

特种印刷 60

2.14 移印机 61

第三章 印后加工设备

3.1 折页机 64

3.2 锁线机 66

3.3 铁丝订书机 68

3.4 模切压痕机 70

3.5 标签冲切机 72

后记 74

转轮排字盘
武英殿字柜
字模雕刻机
铸字机
铸排机
打纸型机
木结构制版照相机
照相排字机
计算机激光汉字编辑排版系统
中文打字机
滚筒打样机
官文制版机

第一章　印前设备

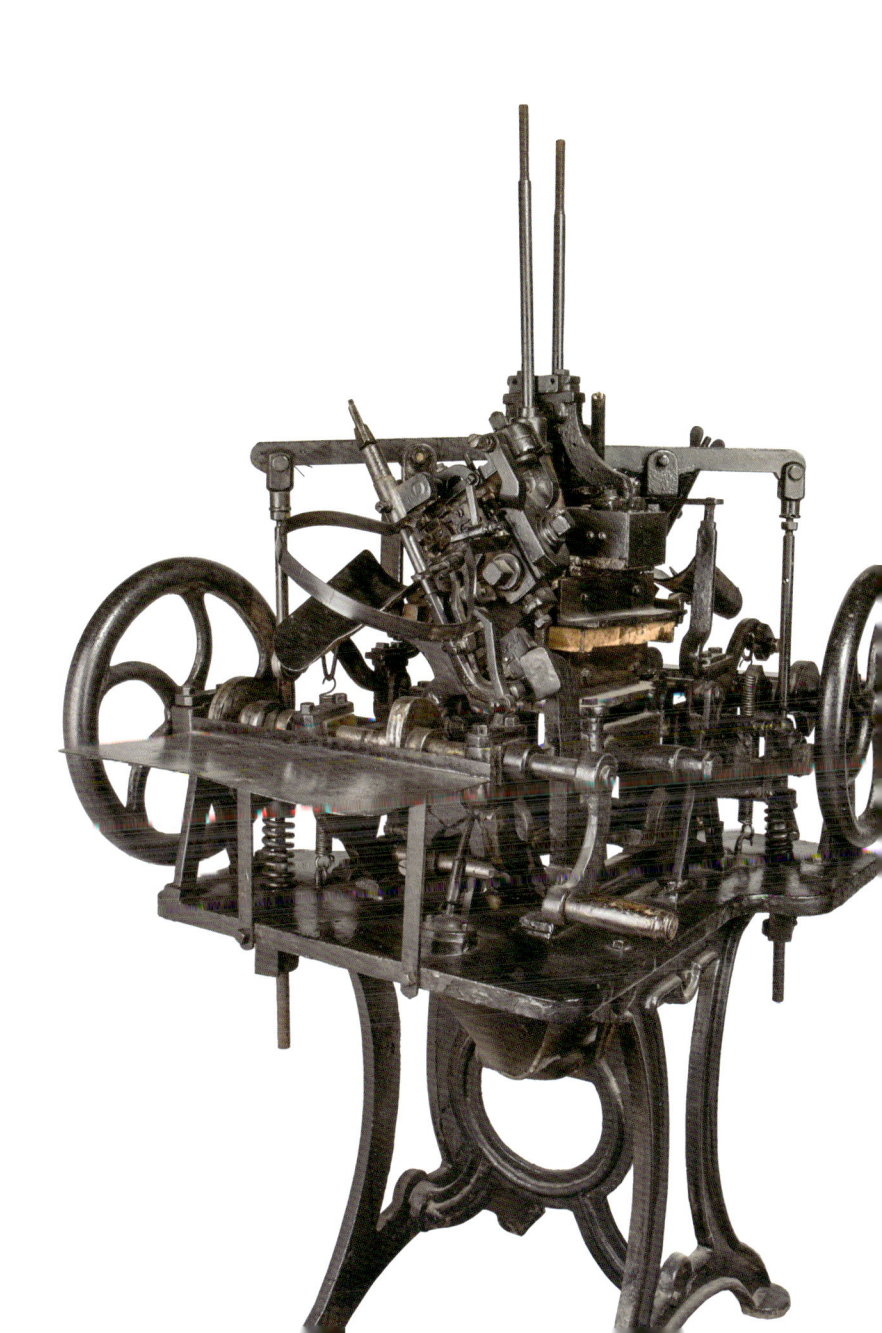

1.1 转轮排字盘

扫描获取 AR 讲解　（详细步骤参见第 75 页）　　　　　　　转轮排字盘（动画演示）

北宋毕昇发明的泥活字印刷术是印刷史上一次具有历史意义的变革，活字的发明和其区别于雕版的排印方法实现了印刷技术的重大突破。元朝时期，农学家王祯在毕昇泥活字印刷术的基础上，进行技术革新，成功发明了转轮排字盘。

王祯发明的转轮排字盘按照古代韵书的分类法，把木活字分别排放在盘内字格里，排字工人坐在两副轮盘之间，转动轮盘即可找字。这个发明将活字排版工序由"人就字"改为了"字就人"，大大提高了排字效率。这种在拣字排版工序中采用的机械排字技术是活字排版由手工向机械操作发展的一个重大创举，是当时世界最先进的印刷技术。

1.2 武英殿字柜

清代是传统活字印刷的繁荣时期。1773年（清乾隆三十八年），金简奏办木活字版印书，后撰成《钦定武英殿聚珍版程式》。金简对木活字排版工艺作了很大改进，设计发明了存放木活字的字柜。

武英殿共设12个字柜，按十二地支顺序排列。每个柜子做200个抽屉，每个抽屉分为大小8个格子，每个格子中放入大小活字各4种。活字的存放顺序是按照《康熙字典》的检索方法，即按偏旁部首顺序和笔画顺序排列。在每个抽屉外面都贴上所存的字样，以便取用。对于少数生僻字，则另设一小柜放于各柜之内。

铅字排字架　　　　　　　清代木活字

武英殿字柜（动画演示）

1.3 字模雕刻机

19世纪初,马礼逊(Robert Morrison)在广州雇用工人刻制中文铅字,这是中国本土制作近代铅活字的开始。其后有戴尔(Samuel Dyer)刻模铸字,姜别利(William Gamble)电镀铜字模……字模制作日新月异,铅活字铸造也随之改进,由手工操作向机械化发展。

20世纪50年代,我国引进字模雕刻机,字模生产由此走向机械化。字模雕刻机的雕刻部件主要由字模版、仿形头和雕刻刀组成。加工时,先制成字模版,加工好的字模坯用卡具固定在机器上,仿形头在字模版上按照字的轮廓进行描绘的同时带动刻刀同步雕刻,当字模版上的字描绘完成,字模坯上的字也就刻好了。

1985 年生产　字模雕刻机

铜字模

1.4 铸字机

金属活字版是用金属活字排成完整版面进行印刷的工艺技术，我国古已有之。近代铅活字用铅、锑、锡合金铸成，可快速大量铸造和灵活排版。铅活字、铅版的浇铸须在高温下进行，消耗大量热能，又被称为"热排"。

手拍铸字炉是最早传入我国的铅活字铸字设备。随着活字铸造技术和设备的发展，逐步由手摇式、脚踏式发展为电动自动铸字机。

手摇式铸字机由熔铅锅、字盒等部分组成。铸字时，将铅合金加热到熔点，装好字模，摇动铸字机手柄，即可铸出一个铅活字。双头手摇铸字机可供两人同时操作铸字。排版中所使用的各种规格的铅字都是用铸字机铸造出来的。

20 世纪初生产　手摇铸字机

20 世纪 20 至 30 年代生产　双头手摇铸字机

单头手摇铸字机
（微信扫一扫观看相关内容）

1970年生产　　咸阳电动铸字机

郴州铸字机
（微信扫一扫观看相关内容）

1985年生产　郴州铸字机

1.5 铸排机

铸排机是能够连续完成铸字和排版的机器。单字铸排是依照原稿选模，铸成单字并排成毛条的排版工艺，代表机型为摩诺排铸机（Monotype）。整行铸排是依照原稿将字模排满一行，再浇铸成字条的排版工艺，代表机型为莱诺排铸机（Linotype）。它们的出现标志着活字铸造技术开始由一般意义上的机械铸字向自动铸字兼排版演进。

莱诺铸排机是世界上第一部"风箱式"自动行式铸排机，又称作"条形排铸机"。机器的主控台上的字键与铜模箱相接，按动排铸机上的字键，对应的铜模便依序顺着轨道掉落在架上排成一行，将整行一次铸成铅字条后，铜模又会自动归到各模原来的箱内，如此往复，连续工作。若一行中有错字则须整行（字条）重新铸排。

20 世纪 20 年代生产　莱诺铸排机

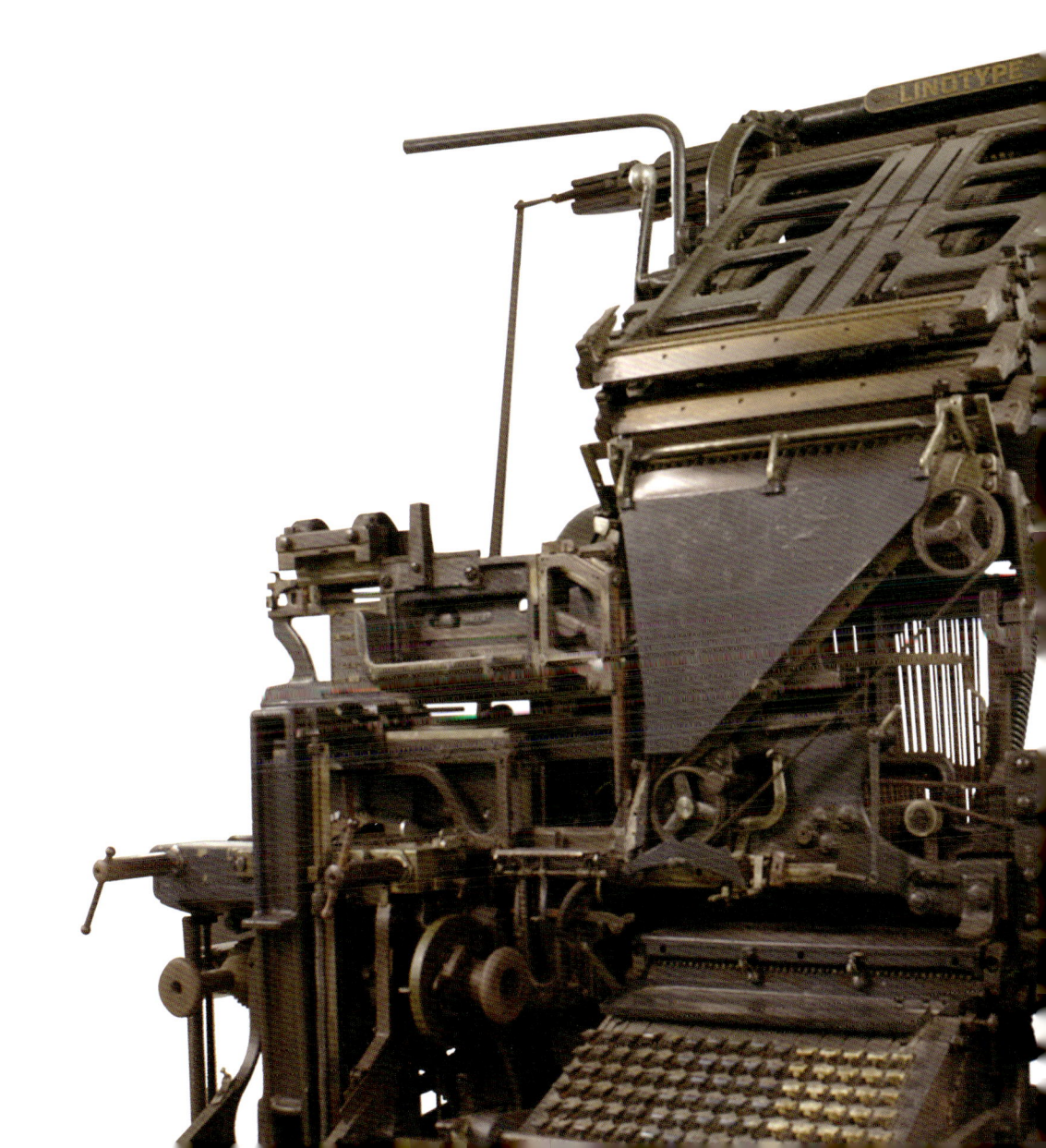

1.6 打纸型机

纸型，也叫纸版，是以特种纸张覆于活字版或其他原版上制成的阴文的纸质模版。纸型轻便，既便于贮存，又可异地运输用于多地印刷；可浇铸出相同的铅版供多机印刷，还可以浇铸成圆弧形铅版供轮转印刷机用。

早期打纸型机由工人手工操作，劳动强度大，且打出的纸型品质不佳。20世纪50年代，我国成功研制出自动打纸型机，使用机械代替人工打型，大大减轻了劳动强度，提高了生产效率。

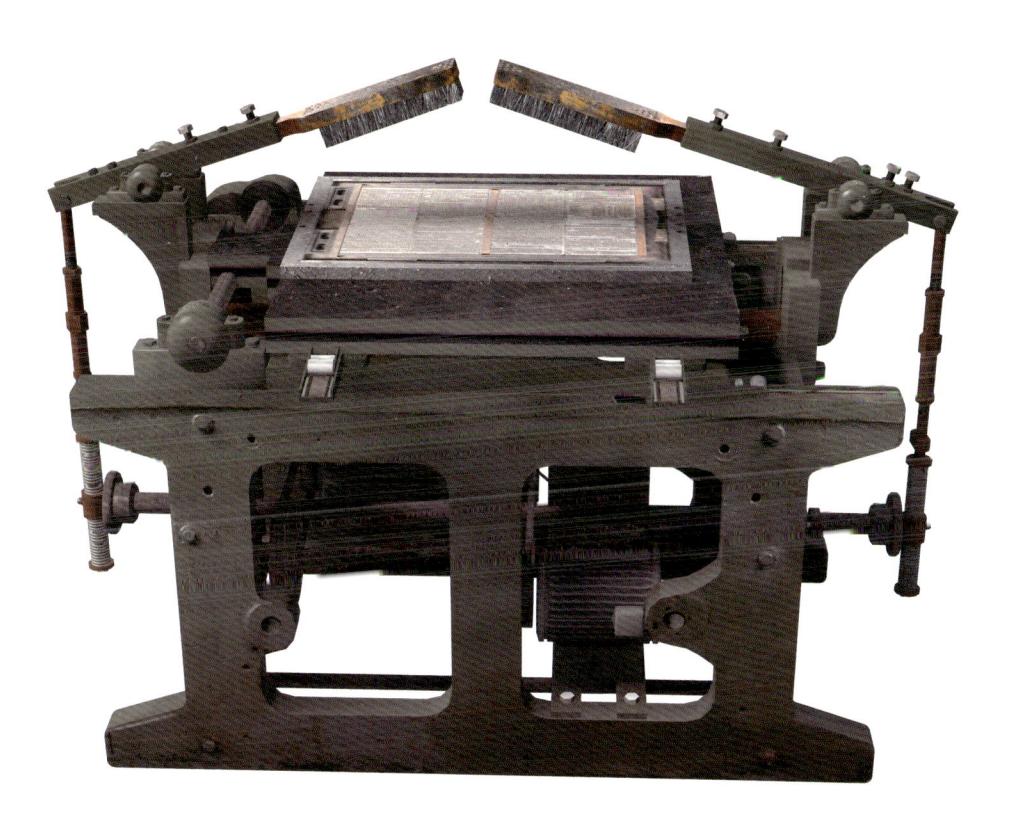

打纸型机
（微信扫一扫观看相关内容）

―― 1968年生产　打纸型机 ――

―― 曲面铅版 ――

1.7 木结构制版照相机

制版照相机应用照相原理,将原稿图文信息记录在胶片上,显影成连续调阴片,经照相加网成阳图版,再拷贝成阴图版进行晒版。

木结构制版照相机以木头作为相机的原材料,具有坚硬、轻便、维修方便等优点。使用时,相机前板可拉伸,在齿轨的作用下,前后以移动调焦,完成拍照。

木结构制版照相机

1.8 照相排字机

照相排字机简称照排机，是采用照相的方法来排文字版的一种机器。区别于铸造铅活字必须用高温来熔化铅的情形，照排机依靠光和电的作用来工作，俗称冷式排版，简称"冷排"。

照排机由光源照相机构、透明字版和选字装置等部件所组成。使用时，按原稿内容在透光字版上选字，经照相机构拍摄，在感光材料上排成版面，经过暗室冲洗工艺后制成照片或底片，供晒制印版用。照排机有手选和自动两类。

照排机的诞生取代了传统的铅字排版技术，缩短了排版周期，提高了生产效率，为印刷行业逐步由铅字排版技术过渡到照相排版技术提供了准备，是印刷行业设备的一次重大改革。

20 世纪 70 年代生产　手选照相排字机

20 世纪 80 年代生产　照相排字机

自动照相排字机

自动照相排字机
（微信扫一扫观看相关内容）

1993年生产　通用照相排字机

1.9　计算机激光汉字编辑排版系统

　　20世纪70年代，我国设立国家重点科技攻关项目"汉字信息处理系统工程"（简称"748工程"）。王选带领科研团队发明了高倍率汉字信息压缩和高速还原等先进技术，成功研制出新中国第一个中文信息处理系统——计算机激光汉字编辑排版系统。

　　计算机激光汉字编辑排版系统是我国自主创新的典型代表。它的产业化和应用，使我国书报印刷实现了从铅排铅印到照排胶印的跨越式发展，启动了中国印刷技术的第二次革命。汉字印刷告别了"铅与火"的时代，迈入"光与电"的时代。

激光照排机
(微信扫一扫观看相关内容)

1987年5月21日,《经济日报》最后一次用铅字版印刷出报

"华光Ⅱ型"激光照排系统

1.10 中文打字机

20世纪初以来，祁暄、周厚坤、舒震东、林语堂等有识之士相继发明了多种不同类型的打字机。1919年，商务印刷馆制造出中国第一台可供实用的中文打字机——舒式打字机。中文打字机是汉字走向信息技术的重要发明。

中文打字机又称为华文打字机，通常为整字文字打字机，由机架、字盘、拖板、横格器、直格器、滚筒等部件组成。1958年，上海从事生产计算机、打字机的多个小型工厂合并组建成上海计算机打字机厂，"双鸽"牌中文打字机是其主要产品，曾生产有多种型号。操作时，左手操作滚筒，右手按动方向移动键，控制选择相应的字钉打在蜡纸上。打好蜡纸后，将之固定在油印机上进行印制。因其结构新颖，装字快速，打字轻便灵活，是电子打印机普及之前最受欢迎的中文打字机。

双鸽打字机说明书

中文打字机
（微信扫一扫观看相关内容）

1981年生产　双鸽中文打字机

1.11 滚筒打样机

　　打样是印刷生产流程中联系制版与印刷的关键环节。从技术上可分为传统打样和数字打样。传统打样即机械打样，是将与印刷相同的印版通过打样机按照印刷的色序、纸张与油墨印制各种分色或彩色样张的过程。

1956年生产 滚筒打样机

1.12 盲文制版机

盲文的印刷与一般的图文印刷不同。盲文又称"盲字""点字",是专为盲人设计的、靠触觉感知的文字符号。

传统的盲文印刷与普通印刷一样,也需要先制作印版。最早的盲文印版用铅活字排版,后来改为冲制薄铁皮做印版。先在薄铁皮上冲制盲文,形成凸起的点字。再把薄金属版固定在盲文印刷机上,将点字压印在盲文纸上,使纸面也形成凸起的盲文点字,装订好后便是盲文书籍。

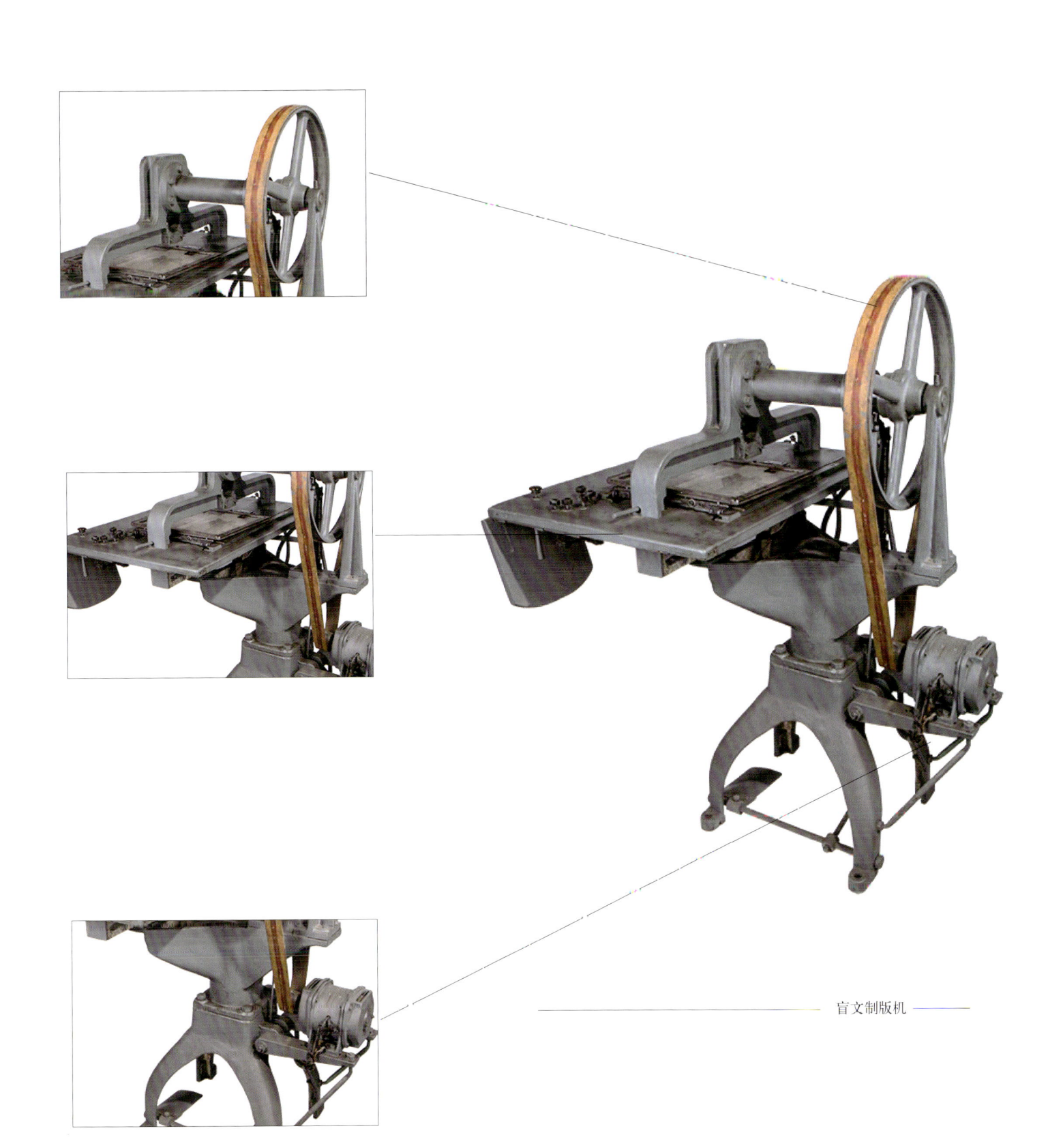

盲文制版机

手扳式印刷机
马背上的印刷机
圆盘印刷机
海德堡平压平印刷机
停回转平台印刷机
四开凸版平台印刷机
轮转印刷机
火车票印刷机
石版印刷机
珂罗版印刷机
胶印机
凹版印刷机
油印机
移印机

第二章　印刷机械

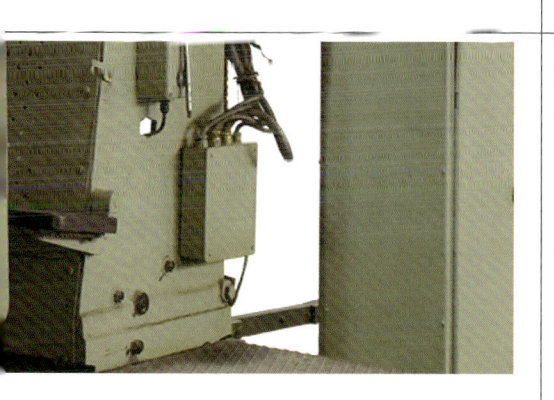

凸版印刷机

凸版印刷有着悠久的历史。隋末唐初出现的雕版印刷，1041—1048年北宋布衣毕昇发明的泥活字印刷，以及沿袭毕昇活字理念而制作的木活字、铜活字、锡活字、铅活字，或是其他材质的活字，都属于凸版印刷的范畴。凸版印刷作为印刷图文最早最主要的方式，为印刷业的发展和文化传播发挥了重要作用。

2.1 手扳式印刷机

受中国活字印刷术的影响，15世纪中叶，德国人谷登堡（Johannes Gutenberg）用字模浇铸铅活字排版进行印刷，并研制了木制印刷架、印刷油墨，推动了书籍的批量生产。其后百余年间印刷技术的不断发展实践，凸版印刷机的体积和结构逐步发生变化。

手扳式印刷机是最早传入我国的凸版印刷机，属于平压平式印刷机，幅面为四开，杠杆式手扳压印。可印刷铅活字版、铜锌版及各种凸版。

这台手扳式印刷机由商务印书馆早期引进。其机身上带有的"国难后修整"的铜质铭牌，标志着它独特的身份。它是由爱国人士从1932年"一二八"事变商务印书馆被焚毁的废墟中"抢救"出来的，是中国印刷博物馆的镇馆之宝之一。

商务印书馆手扳式印刷机

2.2 马背上的印刷机

在抗日战争期间,为了适应游击办报的需要,印刷工牛步峰、孟广印等首先将石印机改造成铅印机,后又自力更生研制出轻便的木质印刷机。它只有一个小手提箱那么大,重约 30 公斤。可以拆为 7 个大部件,最大的也不过 5 公斤,拆卸装配都十分方便,一头骡子就可以拉走,被人们形象地称为"马背上的印刷机"。

马背上的印刷机是中国乃至世界新闻出版史上的一次创举,是中国人民抗击日本帝国主义侵略的铁证,是老一辈革命印刷人为夺取抗战胜利而不懈奋斗的精神见证,在我党出版史上写下了光辉的一页。

马背上的印刷机
（微信扫一扫观看相关内容）

20 世纪 90 年代仿制　马背上的印刷机

2.3 圆盘印刷机

圆盘印刷机是早期凸版铅印机之一，主要由机身、传动、供墨及压机装置组成，电动、脚踏两用。脚踏驱动印刷时，工人一手将纸张送入版面和压板之间，踏下脚踏，通过脚踏的踏杆，墨辊向排好的版面滚涂油墨并将压板压向版面；松脚时，将印好的纸张从压板下取走，即完成一次印刷。

这类印刷机在印刷过程中产生的压力大且着墨均匀，适用于网线铜版、铜锌版、感光树脂版、铅活版等凸版印刷和凸凹压痕。

圆盘印刷机

圆盘印刷机
（微信扫一扫观看相关内容）

2.4 海德堡平压平印刷机

　　海德堡平压平印刷机也被称为"风车",是海德堡公司的经典之作,做工精良,性能稳定可靠。采用凸版印刷方式,可用于复杂工艺的精美文字、网线及大色块的印制,还能实现印刷、压凹凸、烫金等不同工艺的制作。

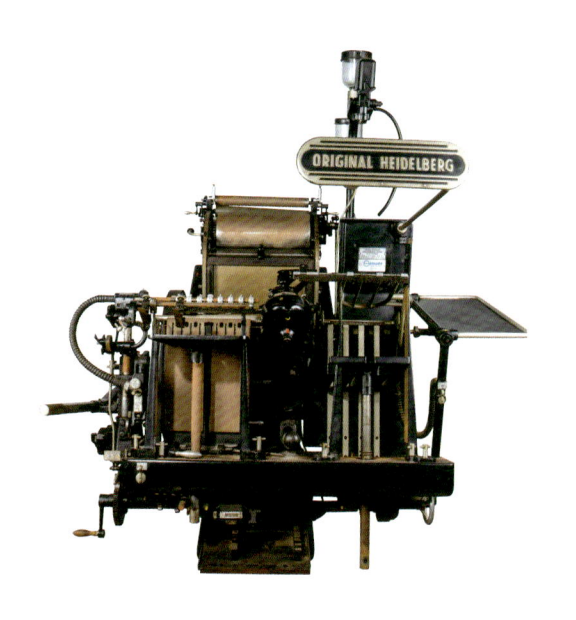

1952 年生产　海德堡平压平印刷机

海德堡平压平印刷机
（微信扫一扫观看相关内容）

2.5 停回转平台印刷机

圆压平印刷机也称为平台印刷机,装版机构呈平面形,压印机构则是圆形的滚筒。根据压印滚筒运动方式的不同,圆压平印刷机分为停回转印刷机、二回转印刷机和一回转印刷机。

停回转印刷机在印刷过程中,印版装于版台做往复平移运动,承印物附于压印滚筒,版台前进时,压印滚筒旋转一周,纸张与印版接触加压完成印刷。

———— 20世纪20年代生产　四开停回转平台印刷机 ————

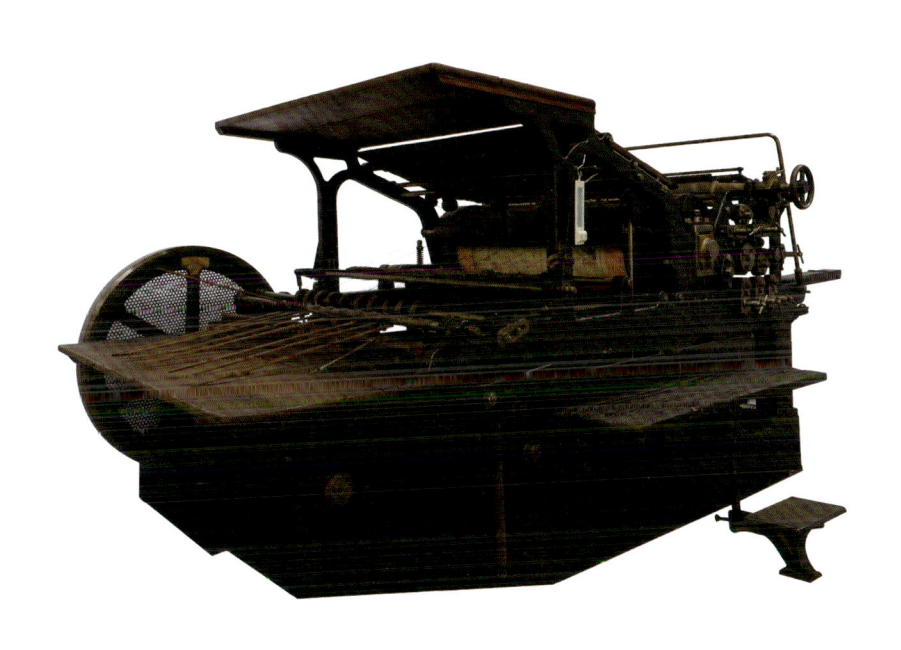

———— 1929年生产　全张停回转平台印刷机 ————

2.6 四开凸版平台印刷机

这是一种小型凸版平台印刷机,由输纸、着墨、压印和收纸等部分组成。适用于中小型印刷厂使用,可供铅版、锌版、铜版和一般彩色套版等印刷。它的出现降低了操作的烦琐性,提高了生产效率。

1922 年生产 四开凸版平台印刷机

四开凸版平台印刷机
（又称"小米力机"）
（微信扫一扫观看相关内容）

2.7 轮转印刷机

轮转印刷机又称为圆压圆型印刷机，它的结构特点是采用了圆柱形连续旋转的装版机构和压印机构。这种印刷机运动平稳、结构简单、印刷速度快，适用于大批量印刷。

中钢机器厂1957年生产的书刊二面轮转印刷机是我国最早用于书刊印刷的卷筒纸印刷机。

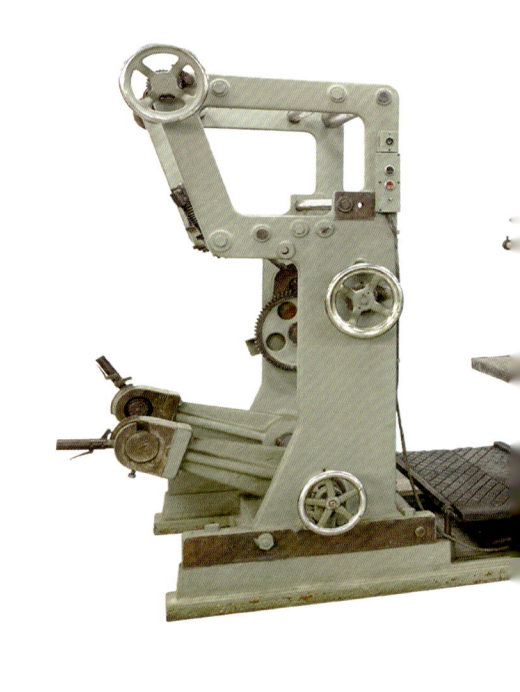

1966年生产　全张单面凸版轮转印刷机（LP1101型全张薄凸版轮转印刷机）

书刊二面轮转印刷机
（微信扫一扫观看相关内容）

1957年生产　书刊二面轮转印刷机

2.8 火车票印刷机

这是用于印刷中国铁路第一代火车票——硬板式火车票的专用印刷机。这种火车票 20 世纪 50—90 年代使用,尺寸为 57 毫米 ×25 毫米,票面印有盲文,采用单张纸凸版印刷的方式来印制。

20 世纪 60 年代　火车票印刷机

平版印刷机

平版印刷是用图文与空白部分处在同一个平面上的印版（平版）进行印刷的工艺技术，始于德国人塞纳菲尔德（Alois Senefelder）1798年发明的石版印刷，因其制版及印刷的独特性，在现代印刷业中占有非常重要的地位。

平版印刷机是使用平版进行印刷的机器，有石版印刷机、珂罗版印刷机和胶印机。

2.9 石版印刷机

手摇石印机
（微信扫一扫观看相关内容）

石印是以表面具有密布细孔的石版做版材进行平压平或圆压平的直接印刷，根据油水互不相溶的原理完成油墨转移。

手摇石版印刷机将石版置于架上，靠人力扳转覆纸加压印刷，劳动强度大。电力驱动的圆压平式电动石版印刷机是较先进的石版印刷机，用电力带动版台做平面运动，在圆筒形压印滚筒下通过，完成印刷过程。

20 世纪 80 年代生产 手摇石印机

2.10 珂罗版印刷机

1869年，阿尔贝托（Joseph Albert）以玻璃为版材，采用明胶和重铬酸盐组成的非银感光材料发明了珂罗版制版法。珂罗版也称玻璃版，是最早的照相平版印刷之一。

珂罗版印刷采用水墨相斥的着墨原理，按原稿层次制成明胶硬化的图文，使用无网点印刷的方式，能够真实反映连续调图像，达到毫发毕现的复制效果，在印制手稿和书画作品方面有其独特的魅力。

珂罗版

2.11 胶印机

　　胶印于 20 世纪初问世，现代的平版印刷机即为胶印机。胶印这一间接印刷的特点，提高了印版的耐印力，印刷品的质量得到明显提升，20 世纪 70 年代商业印刷的发展，使胶印在世界范围内得到了日益广泛的应用。

双全张双色胶印机
（又称"大米力机"）
（微信扫一扫观看相关内容）

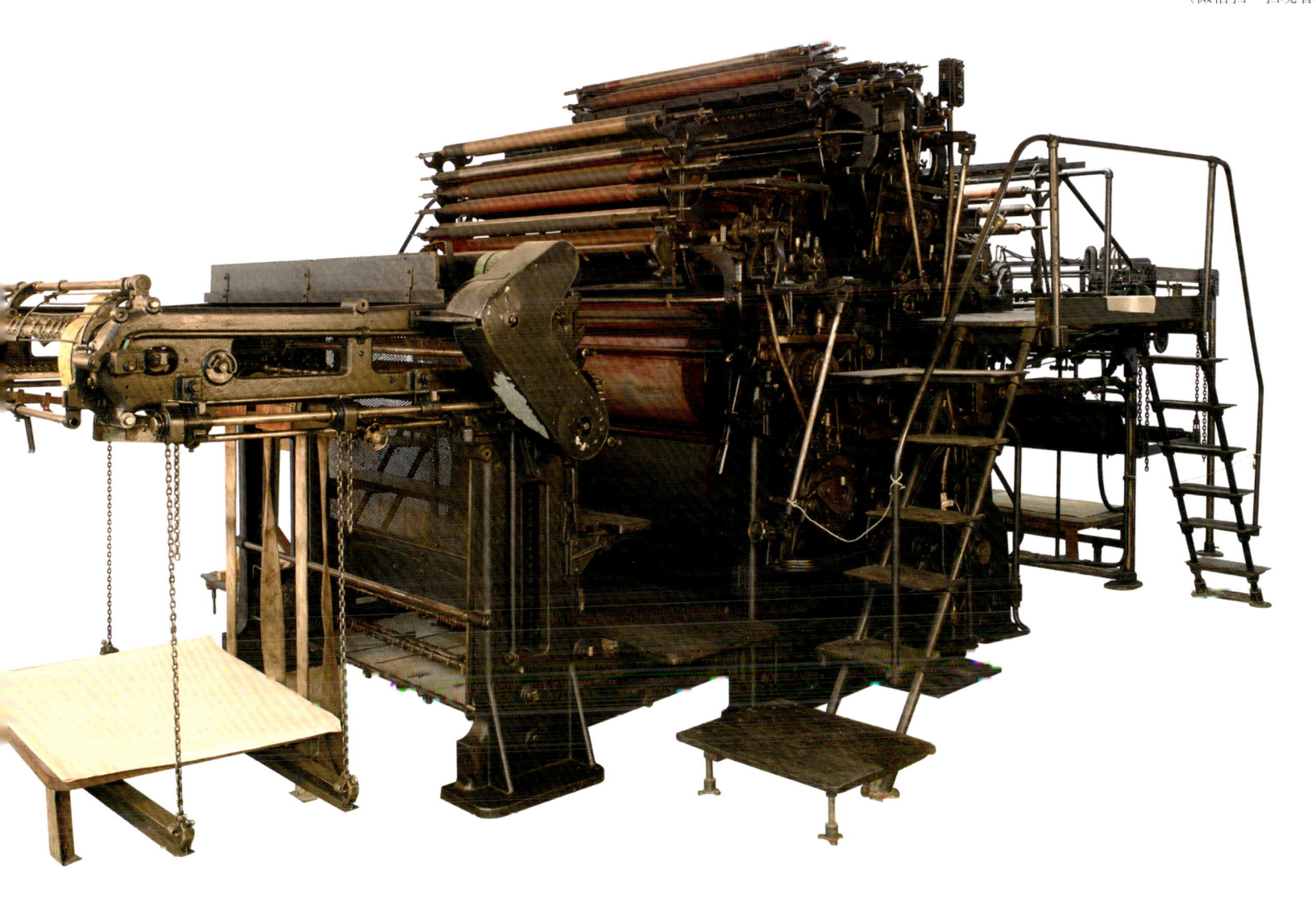

1962年生产　双全张双色胶印机

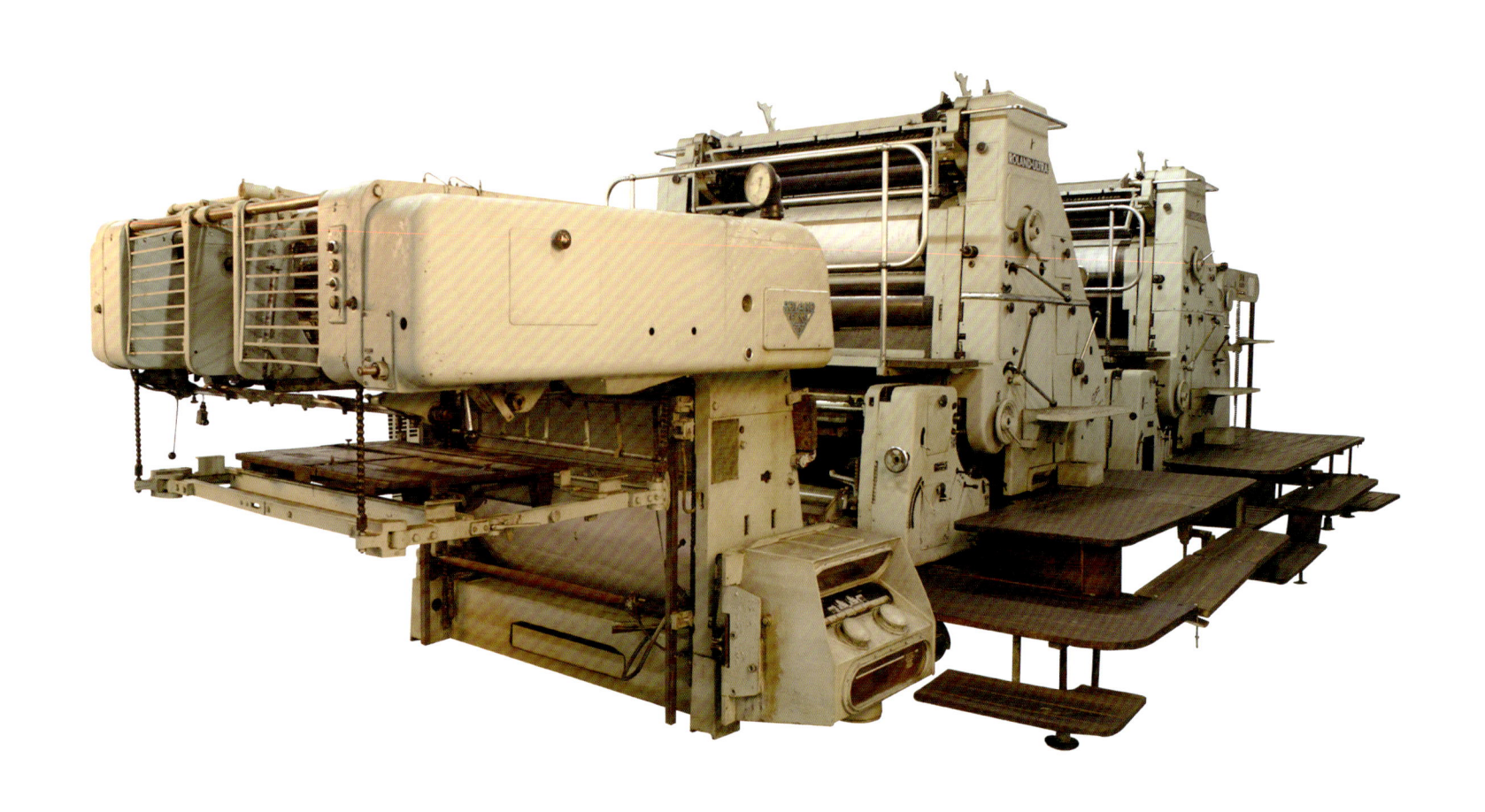

1966年生产　全张四色胶印机

1963年，北京人民机器厂开始生产胶印机，设计出国内首台单张纸双色胶印机。1986年，北京人民机器厂推出国内首台国产化对开四色胶印机。该机荣获国家优质产品金奖，1997年又获机械部名牌产品，在当时印刷机械行业市场占有率稳居全国第一。

随着电子技术、计算机技术及自动化、精密仪器等技术的发展与综合应用，胶印机的发展日新月异。今天的胶印机，可以说是印刷设备中的佼佼者，是当代书刊印刷、报纸印刷、商业印刷、包装印刷等领域的首选印刷方式。

北人对开四色胶印机
（微信扫一扫观看相关内容）

1986年生产　北人对开四色胶印机

凹版印刷机

　　凹版印刷是用图文部分低于空白部分的印版进行印刷的工艺技术。最早的凹版印刷机是木制的，版台为平面，只能印制小版面的印刷品。

　　现代凹版印刷机的压印形式为圆压圆型，直接将图文雕刻或腐蚀在印版滚筒上，印版耐印率高，印刷速度快，压印后获得的图文墨层厚实，有立体感，适合连续调印刷，广泛应用于包装印刷、有价证券印刷、装饰材料印刷和布料印刷等领域。

　　在今天，随着机电一体化的发展、数字技术的应用和环保日益严格的要求，凹版印刷朝着多色化、智能化、模块化、多工序的方向发展，已经成为仅次于平版印刷的第二大印刷方式。

2.12 凹版印刷机

凹版印刷机的印刷方式属于直接印刷，即利用印刷压力，将印版滚筒图文部分转移到承印物表面，形成清晰的图文。印刷时，印版着墨后，用刮墨刀将印版滚筒空白部分的油墨刮去，使印版滚筒与压印滚筒接触，完成压印过程。

——— 印版滚筒 ———

——— 1972年生产 全张凹版印刷机 ———

孔版印刷机

孔版印刷的原理是利用镂空型版和网状材料,根据图文内容经过剪、刻、挖或封堵等方法使图形区域镂空,非图形区域封闭制成镂空印版,油墨通过孔洞透到承印物上形成印迹,非图文的空白区域不透过油墨来印刷出所需图形。镂孔版、誊写版、丝网印刷均属于孔版印刷范畴。

2.13 油印机

油印属于誊写版印刷，是最简便的孔版印刷。现代油印技术始于19世纪末，分手工蜡纸刻写、打字机蜡纸刻写和放电式誊写。誊写版名称虽叫"版"，其实它只不过是一张蜡纸。方法是在带网纹的钢板上铺上蜡纸，用铁笔刻写，形成细孔完成制版。手动式油印机是将制好版的蜡纸装到印刷机的版框上，再用着了墨的辊子将印油透过蜡纸滚印到纸上。这种印刷方法轻便简单，曾被政府机构、学校和通讯社等广泛采用。

机械打字机的出现逐渐取代了手工蜡纸刻写。利用打字机将活字打印到蜡纸上，形成能透墨的文字孔版，先把纱网张在速印机的滚筒上，再把打印好的蜡纸附着在纱网滚筒上，固定好位置后开动速印机；纱网滚筒带动蜡纸旋转，当输入的纸张经过蜡纸滚筒时，油墨透过蜡纸传递到纸张上，完成一次印刷。

油印机
（微信扫一扫观看相关内容）

1966生产　电动手摇两用速印机

特种印刷

特种印刷是采用不同于一般制版、印刷、印后加工方法和材料生产，供特殊用途的印刷方式，如光栅立体印刷、热转印等。

2.14 移印机

移印属于特种印刷方式之一，可分为直接移印和间接移印。直接移印是在承印物为不规则的异型表面（如仪器、电气零件、玩具等），使用铜或钢、热塑型塑料凹版，将凹版上的油墨转移到移印胶头，再压向版面将油墨转印至承印物上的印刷方式。与丝网印刷不同的是，移印是以移印胶头为中介完成印刷的。移印还可以印刷精细的细小文字。

移印机

折页机

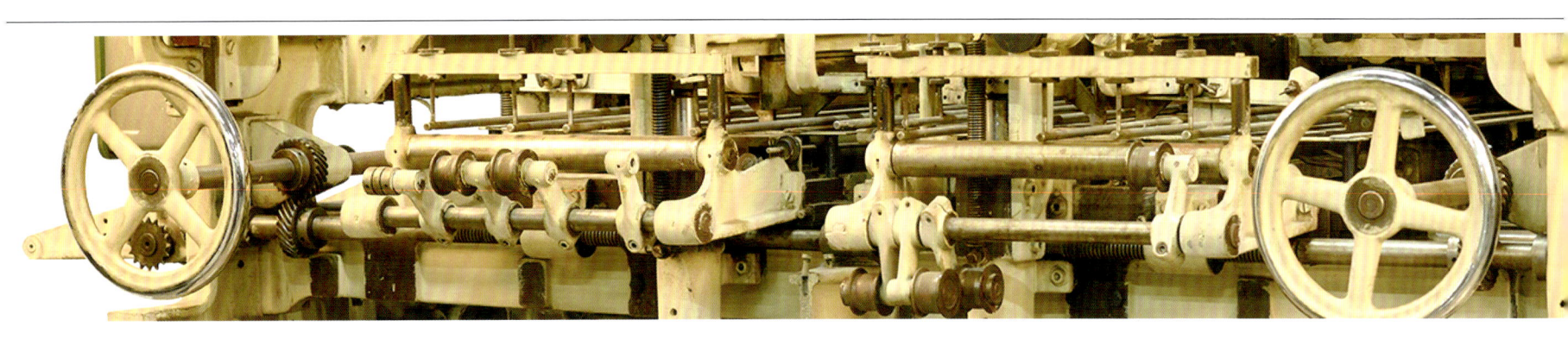

锁线机

铁丝订书机

模切压痕机

标签冲切机

第三章 印后加工设备

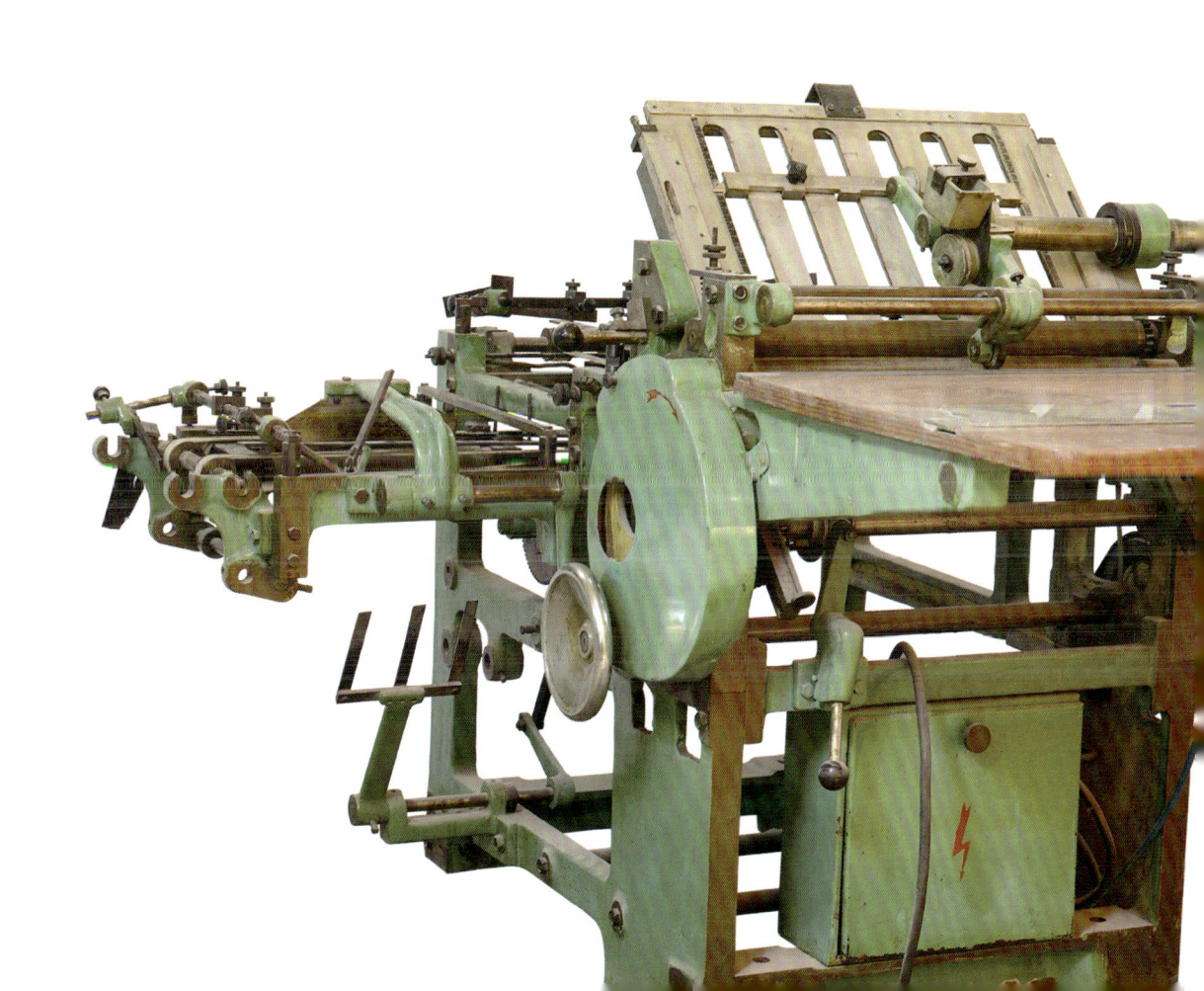

3.1 折页机

印后加工设备是印刷机械设备总类中的一个重要门类，特点是种类繁多，结构复杂。按不同的加工目的，可分为成型加工机械设备和表面整饰机械设备；按不同的加工内容，可分为印后装订设备和印后包装设备。

折页机是印刷装订的重要设备，是把大幅印张按一定规格要求折叠成帖的机器。根据折页机折页机构的不同，折页机可分为刀式折页机、栅栏式折页机、栅刀混合式折页机和塑料线烫订折页机。随着印刷机械向大型、高速、多功能方向的发展，出现了折页单元与印刷机直接相连，使印刷与折页连续进行的联动生产。

20 世纪 70 年代生产　栅刀混合式折页机

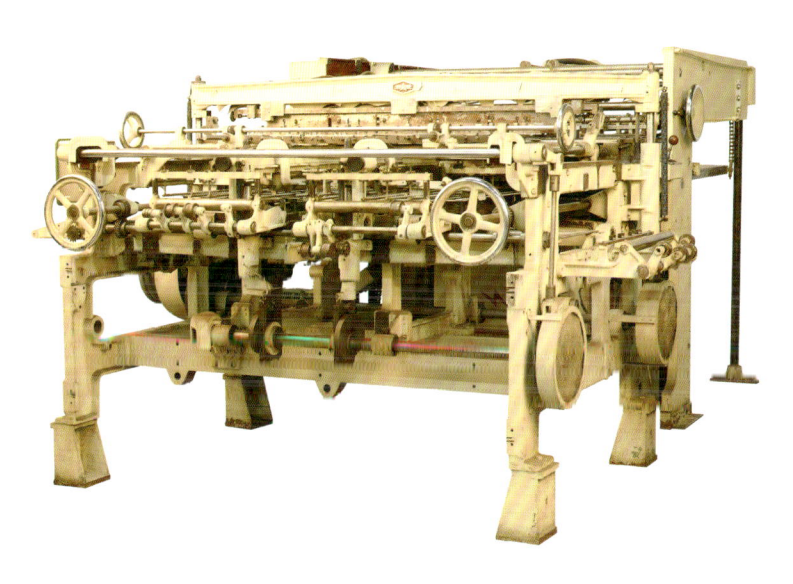

1971 年生产　全张刀式折页机

3.2 锁线机

将配好的书帖以线串订并相互锁紧成书芯的装订方式称为锁线订,完成锁线的机器即为锁线机。世界第一台锁线机发明于1871年。

锁线机是厚本平装书和精装书印后装订的重要机械,主要由锁线机构、传动机构和控制系统等组成。

锁线机

3.3 铁丝订书机

铁丝订书机是一种适合大量生产用的订书设备,采用盘状铁丝做装订材料,装订厚度一般在100页以下,可进行平订或骑马订。

订书机工作时,脚踏操纵机构通过连杆操纵机头订书动作。每踏动一次脚踏操纵机构,机头动作一次,进行一次工作循环。

铁丝订书机
（微信扫一扫观看相关内容）

铁丝订书机

3.4 模切压痕机

模切压痕机是利用钢刀、五金模具、钢线，通过向压印版施加一定的压力，将印品或纸板轧成一定形状的印后加工型重要设备，应用极为广泛。分为单张纸模切压痕机和与印刷机联线的模切压痕机两大类。

单张纸模切压痕机又有圆压圆、圆压平、平压平三种类型。其中以卧式平压平自动模切压痕机应用最广，它是印后设备中技术含量高、机械动作复杂、时间协调性强的典型代表。

模切压痕机
（微信扫一扫观看相关内容）

1948 年生产　模切压痕机

3.5 标签冲切机

标签冲切机主要适用于各种异型标签、瓶贴和商标等多联版薄纸模切成型加工。联机加工时可免去多联版模切之间的预裁工序，与前道印刷基准保持一致，具有模切精度高、省时、省力和高效率等优点。

———— 1997年生产　标签冲切机 ————

后记

　　今天，世界已经进入高速发展的信息时代，印刷受到网络媒体、电子媒体和移动媒体的强烈冲击，人们获得信息、知识和交流的方式发生了翻天覆地的变化，印刷机械设备的发展日新月异。电子技术、计算机技术及机电一体化等技术的发展与综合应用，使印刷机械设备按印前、印刷、印后的设备的传统分类走向一体机和系统解决方案。短版印刷、个性化印刷、按需印刷和数字技术的迅猛发展，使传统的印前、印刷和印后之间的界限越来越模糊，印刷机械设备将向绿色化、数字化、智能化、融合化方向发展。

　　本书在中国印刷博物馆"馆藏印刷机械设备研究"课题基础上，摘选核心内容进行数字化呈现，是集体智慧的结晶。罗林奎、赵莹承担课题及本书的研究编写，谷舟、方媛、宋铮、程祥参与课题相关研究、资料整理工作。学无止境，我们不揣浅陋，希冀抛砖引玉，通过博物馆资源的数字化传播与读者共同探索印刷的更多内涵。由于水平所限，书中难免存在不足之处，恳祈读者批评指正。

　　印刷伴随着文明的发展，印刷蕴含的深刻文化内涵具有永恒的魅力。在新兴数字技术与传统印刷正在产生并持续着相持之势的今天，如何挖掘和彰显印刷文化的独特价值，探索和创新印刷文化的未来之路，是我们的深切关怀。期待本书的出版，能为读者描绘出印刷机械发展的历史画卷，为读者进一步了解印刷文化、增强文化自信有所助益。

AR互动图录使用说明

ARHuDongTuLuShiYongShuoMing

AR①
打开微信扫一扫扫描封底或右方二维码下载APP

AR②
打开APP扫描书中可扫描的AR图片

AR③
扫描完成后体验流畅的动画讲解